Bibliografische Information der Deutschen Nationalbibliothek:

Die Deutsche Bibliothek verzeichnet diese Publikation in der Deutschen Nationalbibliografie; detaillierte bibliografische Daten sind im Internet über http://dnb.d-nb.de/ abrufbar.

Impressum:

Druck und Bindung: Books on Demand GmbH, Norderstedt Germany
ISBN: 9783668706507

Dieses Buch bei GRIN:

https://www.grin.com/document/426237

Nathalie Größ

Auswirkungen von Wasserkraftwerken durch Bau und Betrieb. Eine integrative Analyse

GRIN Verlag

Karl-Franzens-Universität Graz
Institut für Geographie und Raumforschung
Integratives Geographisches Masterseminar
WS 2016/17

WASSERKRAFTWERKE

Eine integrative Analyse der Auswirkungen von Wasserkraftwerken durch Bau und Betrieb

Seminararbeit

vorgelegt von Nathalie Größ

Abgabedatum:

03.03.2017

Inhaltsverzeichnis

1 Einleitung

Wir befinden uns aktuell in der Zeit der Energiewende. Nicht nur Österreich, sondern auch die Europäische Union will der wachsenden Energieabhängigkeit entgegenwirken. Somit kommt es zur Energiewende von der fossilen zur erneuerbaren Energiegewinnung. Ziel hierbei ist einerseits zum Klimaschutz beizutragen, und andererseits eine Versorgungssicherheit durch heimische Energiequellen zu sichern. Bioenergie, Sonnenenergie, Windenergie aber auch die Energiegewinnung durch Wasserkraft zählen zu den Formen der regenerativen Energien. Besonders die Nutzung von Wasserkraftanlagen ist in Österreich seit 1950 sehr verbreitet und hat sich in Österreich stark etabliert. Jedoch steht jeder Bau eines Wasserkraftwerks zwischen dem Spannungsfeld der Ökonomie und Ökologie. Aus diesem Grund möchte ich in dieser Arbeit einen Blick darauf werfen, welche Auswirkung der Bau und der Betrieb eines Wasserkraftwerks auf die Umwelt hat.

Zu Beginn dieser Arbeit wird ein kurzer historischer Abriss über die Entwicklung der Wasserkraft gegeben. Anschließend erfolgt ein Überblick über Zahlen und Fakten der Wasserkraftnutzung Österreichs. Um dieses Thema integrativ zu beleuchten, wird zunächst sehr detailliert auf alle möglichen Auswirkungen eines Wasserkraftwerks eingegangen, durch die Analyse einer Fachliteratur. Danach werden noch zwei Gesetze erläutert, die für den Bau und die Nutzung einer Wasserkraftanlage von großer Bedeutung sind. Konkret behandelt wird die Wasserrahmenrichtlinie der EU (WRRL) und das Umweltverträglichkeitsprüfungsgesetz (UVP-Gesetz).

Entlang der Mur gibt es schon vier Wasserkraftwerke die in Betrieb sind. Ich werde mich in dieser Arbeit speziell auf das Kraftwerk Gösserdorf fokussieren und die Umweltauswirkungen in diesem Gebiet analysieren.

Am Ende dieser Arbeit soll die Frage beantwortet sein, wie umweltverträglich ein Wasserkraftwerk ist und mit welchen Folgen durch Bau und Betrieb zu rechnen sind. Es soll außerdem klar werden, welche negativen und positiven Auswirkungen auf die Infrastruktur und die Ökologie das Wasserkraftwerk Gössendorf hat.

2 Entwicklung der Wasserkraft

Die Menschheit begann schon vor 3500 Jahren Wasserschöpfräder zu entwickeln, diese dienten zur Bewässerung der Landwirtschaftsflächen in dem heutigen Irak, damals Mesopotamien. Aber auch in China und Indien waren solche Feldbewässerungssysteme bereits bekannt. In der Antike wurde Wasserkraft bereits dazu genutzt, die Kornmühlen zu betreiben. Eine Voraussetzung für die industrielle Revolution schaffte die Entwicklung des Wasserrads aus Gusseisen von John Smeaton im Jahre 1769. Somit konnten auch kleinere Fabriken ihre Maschinen mit Wasserkraft betreiben (McNeill und Engelke, 2013).

Den Grundstein für die heutige Entwicklung legte der Franzose Benoît Fourneyron, der die erste funktionsfähige Wasserturbine 1827 entwickelte. Im 19. Jahrhundert entstand auch der erste Generator und somit wurde im Jahr 1880 in England erstmals ein Wasserkraftwerk gebaut, das elektrische Energie erzeugte. Nur 6 Jahre später folgte das erste Großkraftwerk der Welt an den Niagarafällen, in den Vereinigten Staaten. In der folgenden Zeit wurden immer wieder neue Arten von Turbinen entwickelt und die Wasserkraftanlagen etablierten sich weltweit zur Deckung des Strombedarfs.

In Österreich werden aktuell ca. 44,7 Milliarden KWh Strom durch heimische Kraftwerke erzeugt (Österreich Energie, 2016), und deckten somit 64,9 % des österreichischen Strombedarfs. Mit diesem Wert ist Österreich ein Spitzenreiter in der EU. Das humide Klima und der daraus resultierende hohe Jahresniederschlag von durchschnittlich 1513 mm (Bregenz) bzw. 513 mm (Wien-Hohe Warte) (ZAMG, 2015) stellt eine gute Basis für die Nutzung der Wasserkraft dar. Außerdem profitiert Österreich durch seine alpine Lage, da das Gefälle der Fließgewässer das Wasserkraftpotenzial nochmals erhöht. Grundsätzlich gibt es in Österreich drei Formen von Wasserkraftwerken: Pumpspeicherkraftwerke, Laufkraftwerke und Kleinkraftwerke. Alle drei Kraftwerkstypen nutzen die potentielle und kinetische Energie des Wassers mittels einer Turbine, diese Energie wird dann mit Hilfe eines Generators in elektrische Energie umgewandelt.

3 Auswirkungen eines Wasserkraftwerks

Ein Wasserkraftwerk wird vom Menschen in die Umwelt gebaut und hat somit verschiedene Auswirkungen auf sie. Dabei gibt es zwei zeitlich verschiedene Phasen, in denen unterschiedliche Auswirkungen auftreten können: die Bauphase und die Betriebsphase. Für die Phase des Wasserkraftwerkbaus ist nicht nur Geld erforderlich, sondern auch Arbeitskräfte und Materialien. Durch den Beschluss zum Kraftwerksbau kommt es schon zu ersten ökonomischen Auswirkungen. Man darf jedoch nicht die Nebenwirkungen vergessen, denn durch den Bau einer Wasserkraftanlage wird mit Lärm oder einem erhöhten Verkehrsaufkommen zu rechnen sein. Außerdem kann es zum Bau von neuen Straßen oder Brücken kommen. Ist der Bau abgeschlossen, so kommt es zu einem veränderten Landschaftsbild, und es folgt die Betriebsphase des Kraftwerks. Diese hat zahlreiche Auswirkungen zur Folge. Auf der anderen Seite sollte man jedoch bedenken, dass der Betrieb eines Kraftwerks den heimischen Energiebedarf deckt und es zu einer Schonung von Ressourcen kommt, im Gegensatz zur Energieerzeugung durch Atomkraftwerke.

Giesecke und Heimerl (2014) beschreiben in ihrem Werk detailliert, welche Auswirkungen Wasserkraftanlagen auf die Umwelt und den Menschen haben können. Es lässt sich also feststellen, dass es sich bei Wasserkraftanlagen um ein integratives Thema handelt, das im Spannungsfeld der Mensch-Umwelt-Beziehungen steht. Die Auswirkungsbereiche werden nun einzeln in den untergeordneten Teilbereichen erörtert.

3.1 Auswirkungen auf ober- und unterirdische Gewässer

Grundsätzlich stellen Giesecke und Heimerl (2014) fest, dass „der Durchfluss, der Feststofftransport sowie die Bildung und Bewegung des Eises mehr oder weniger beeinflusst werden". Dies hat zur Folge, dass Veränderungen der Flussbettmorphologie oder der Gestalt des Flusstales auftreten können. Räumlich kann man die Veränderungen in die folgenden Teile gliedern:

- Stauraum
- Restwasserstrecke
- schwallbeeinflusste Strecke
- Umland

Im Staubereich kommt es durch das Kraftwerk zu einer Reduzierung und Vergleichmäßigung der Flussströmung, d.h. die Fließgeschwindigkeit wird geringer und die Tiefenerosion wird verringert. Dadurch kommt es jedoch zu einer verstärkten Sedimentation und zur Grundwasseranhebung. Der Transport von Feststoffen wird deutlich gehemmt, und somit wird das mitgeführte Material an der Stauwurzel abgelagert. Die mitgeführten Schwebstoffe lagern sich hingegen an der Stauanlage ab (Giesecke und Heimerl, 2014). Außerdem kommt es durch den Aufstau des Wassers zu einer Erwärmung des oberflächennahen Wassers, was zur Folge hat, dass ein Algenwachstum verstärkt wird. Durch den Staudamm wird das Gewässerkontinuum unterbrochen, deshalb kommt es in diesem Bereich zur vermehrten Faulschlammbildung. Noch dazu stellt die Unterbrechung eine Wanderungsbarriere für Fische und andere Lebewesen dar. Sieht man sich den Bereich nach der Stauanlage näher an, so stellt man fest, dass es zu einer erhöhten Sohlenerosion durch den Geschieberückhalt kommt. Auch das Hochwasserregime wird durch eine Wehr- bzw. Stauanlage unterschiedlich beeinflusst. Es ist belegt, dass Laufwasserkraftwerke „keinen besonders wirksamen Hochwasserrückhalt bieten können“ (Giesecke und Heimerl, 2014) im Gegensatz zu Speicherkraftwerken.

Eine weitere Auswirkung auf das Gewässer, die speziell das Umland betrifft, ist die Veränderung des Grundwasserspiegels. Während des Betrieb eines Kraftwerks kann sich der Grundwasserzustand in der näheren Umgebung deutlich ändern. Durch die Stauanlagen kann es zu Senkungen, Steigungen oder im schlimmsten Fall zu Verunreinigungen des Grundwassers kommen. Fällt übermäßig viel Niederschlag, kann es im Gebiet rund um das Kraftwerk zu einer Vernässung der angrenzenden Flächen kommen. Die Folgen der Grundwasserveränderungen können auch die Menschen betreffen, die nahe am Fluss wohnen. Im Gegensatz dazu kommt es bei regenarmen Perioden oft vor, dass der Grundwasserspiegel absinkt.

3.2 Auswirkungen auf den Hochwasserschutz

Was den Einfluss von Wasserkraftwerken auf die Hochwasserwelle betrifft, muss unbedingt zwischen Flusskraftwerken und Speicherkraftwerken unterschieden werden. In dieser Arbeit wird näher auf den Einfluss der Flusskraftwerke eingegangen, da in einem weiteren Kapitel das Flusskraftwerk Gössendorf analysiert wird.

Prinzipiell kann man keine allgemeinen Auswirkungen eines Kraftwerks feststellen, für eine genaue Untersuchung muss man jedes Kraftwerk analysieren. Der Effekt einer Staukette wirkt sich aber zumeist negativ auf das Abflussgeschehen aus, und es sollten extra Maßnahmen zum Hochwasserschutz getroffen werden. Einzelne Kraftwerke bieten den Anrainern jedoch einen Schutz vor Hochwasser, da sie mithilfe von „höhenverstellbaren Wehrfeldern der Wehranlagen das Wasser aus Rückstauräumen kontrolliert ablassen“ (SIZ Österreich, o.J.) können. Außerdem werden beim Bau die Aufschüttungen an den Rückstauräumen, Uferbefestigungen und die Wehranlagen so geplant, dass man extreme Hochwässer bewältigen kann. Kommt es jedoch zu einer Hochwasserwelle gibt es keine Möglichkeit für ein Laufkraftwerk diese zurückzuhalten.

3.3 Auswirkungen auf Flora und Fauna

Das biologische System der Flora und Fauna von Fließgewässern ist ein sehr komplexes System. Ausschlaggebend für die Artenvielfalt ist die Wasserbewegung. Jegliche Eingriffe in das natürliche System wirken sich auf seine Struktur und Zusammensetzung aus. Darum muss bei dem Bau eines Wasserkraftwerks laut Giesecke und Heimerl (2014) undebingt auf den „notwendigen spartenübergreifenden Schutz des Zustandes der Gewässersysteme bzw. deren Verbesserung“ geachtet werden. Diesbezüglich liefert die im folgenden Kapitel beschriebene Wasserrahmenrichtlinie der EU entsprechende Maßnahmen.

Die Fischfauna in Fließgewässern ist auf bestimmte Strömungs-, Substrat- und Wassertiefenmuster angewiesen. Außerdem sind nahezu alle Fischarten auf eine Wanderung angewiesen, da sie Laichgründe in kleineren Quellbächen von größeren Flüssen aufsuchen. Greift der Mensch also erheblich in die ursprünglichen Flussbettstrukturen ein, so entzieht er oftmals vielen Fischarten ihre Lebensgrundlage. Dies hat natürlich eine Minimierung der Artenvielfalt zur Folge. „Neue Kraftwerke führen zu einem Verlust an Vollwasser-Fließstrecken und somit v.a. zu einer Reduktion des Lebensraumes der Leitfischarten.“ (Schmutz et. al., 2011) Erwägt man einen Kraftwerksausbau, so müssen nach Schmutz et. al. (2011) alle ökologischen Auswirkungen laut EU-WRRL berücksichtigt werden. Weiters hat ein Wasserkraftwerk Auswirkungen auf den Lebensraum von Kleinkrebsen, Insektenlarven oder anderen Weichtieren. Problem hierbei ist die Veränderung bzw. Zerstörung der Gewässersohle und der reduzierte Wasseraustausch. Dadurch kommt es zu einer verminderten Sauerstoffzufuhr, was zu einer „Veränderung der Besiedelbarkeit" (Giesecke und Heimerl, 2014) führt. Wie bei der Fischfauna kommt es aber auch hier zu einer verminderten oder stark veränderten Artendiversität.

Letztlich sind noch die Auswirkungen auf die Pflanzenwelt zu erwähnen. Handelt es sich um ein Laufkraftwerk, so ist hauptsächlich die Pflanzenwelt der collinen Stufe (unter 800 m) von den Auswirkungen betroffen.

3.4 Auswirkungen auf obere Bodenschichten

Giesecke und Heimerl (2014) stellen fest, dass Flusskraftwerke und generell Wasserkraftwerke auch erhebliche Einflüsse auf die physikalische, chemische und biologische Struktur der oberen Bodenschichten haben, da sie zu einer Änderung des Grundwasserspiegels beitragen. Der Grundwasserspiegel ist maßgebend für die Durchnässung oder Austrocknung des Bodens. Das hat natürlich Folgen für die Land- und Forstwirtschaft in einem Gebiet nahe einer Wasserkraftanlage. Wenn die Bodenfeuchtigkeit durch Wasserspiegelschwankungen erhöht ist, so führt dies auch oft zu nassen Fundamenten und Wänden von Bauwerken die tiefer liegen. Auch ein überflutetes Untergeschoss bzw. ein überschwemmter Keller ist oftmals die Folge.

3.5 Auswirkungen auf den Menschen

Natürlich haben die zuvor erläuterten Auswirkungen auf die Umwelt in weiterer Folge auch eine Auswirkung auf den Menschen. Unter diesem Punkt werden aber noch andere Effekte erörtert, die durch den Bau und Betrieb eines Wasserkraftwerks auftreten. Nach Giesecke und Heimerl (2014) hat der Bau und Betrieb zur Folge, dass „der Lebensraum, das Wohlergehen sowie das Schutz- und Sicherheitsbedürfnis der im Umfeld lebenden Bewohner" beeinflusst bzw. verändert wird.

Es kommt durch den Bau vor allem zu einem Ausbau der Infrastruktur des umliegenden Gebiets (Straßen, Kläranlagen, Freizeiteinrichtungen, etc.). Positive Effekte hätte der Bau eines Kraftwerks vor allem für strukturschwache Regionen. Wird der Bau eines Großprojekts beschlossen, so könnte es dadurch so weit kommen, dass Bewohner sogar umgesiedelt werden müssen. Dies ist z.B. der Fall, wenn größere Talsperren errichtet werden. Die Bewohner werden dafür zwar finanziell entschädigt, werden aber durch die Umsiedlung sozial und psychisch belastet (Giesecke und Heimerl, 2014).

Noch wesentlicher ist jedoch, dass sich durch den Betrieb eines Flusskraftwerks über lange Zeit das Abflussregime verändern kann. Dadurch ändert sich, wie zuvor schon erwähnt die Pflanzenvegetation. Für den Menschen ist es jedoch viel bedeutender, dass sich dadurch auch der Bebauungsgrad des Einzugsgebietes verändern kann.

Letztlich sollte noch die positive Auswirkung auf den Tourismus erwähnt werden. Im Bereich des Stauraumes von Flusskraftwerken, kann sich ein Erholungsraum bilden. Beispiel dafür wäre z.B. der rund um den Altarm der Donau entstandene Freizeit- und Erholungsraum am Wasserkraftwerk Melk.

3.6 Auswirkungen auf die Ökonomie

Betrachtet man den Bau und Betrieb eines Wasserkraftwerks aus ökonomischer Sicht, so lassen sich monetäre und nicht monetäre Auswirkungen feststellen. Wesentlich ist, dass es dabei zu Geldflüssen kommt. Es muss für den Bau Arbeitskraft und Geld aufgewendet werden, und durch den Verkauf des erzeugten Stromes kommt es zu Erlösen.

Besonders hoch sind die Kosten für den Bau eines Wasserkraftwerks. Zunächst werden große Investitionen – meist durch inländische Unternehmen – getätigt, diese leisten auch einen enormen Beitrag zum Bruttoinlandsprodukt. Für das gesamte Bruttoinlandsprodukt der EU trägt die Wasserkraft (Bau von Anlagen, Betrieb und Optimierung von Anlagen) rund 25 Mrd. Euro bei. (Verbund AG, 2015) Somit entsteht durch den Bau eine inländische Wertschöpfung. Verkauft man den in Österreich erzeugten Strom an das Ausland, erzielt man außerdem Exporterlöse für die Handelsbilanz.

Auch der Arbeitsmarkt verändert sich, besonders während der Bauphase eines neuen Wasserkraftwerks. Laut einer Studie der Österreich Energie sichert die Wasserkraft ca. 6500 Vollzeitarbeitsplätze in Österreich (Österreichs E-Wirtschaft, 2016). Diese ergeben sich durch den Betrieb von Kraftwerken. Kurzzeitbeschäftigungen hingegen ergeben sich durch den Bau von Kraftwerken. Es werden Aufträge an heimische Unternehmen vergeben, somit profitiert die Hoch- und Tiefbaubranche, das Baugewerbe, aber auch Stahlbauunternehmen und viele andere Gewerbe.

4 Die EU-Wasserrahmenrichtlinie

Für den Bau eines Wasserkraftwerks gibt es Gesetze und rechtliche Rahmenbedingungen, die erfüllt werden müssen. In dieser Arbeit wird zunächst auf die EU-Wasserrahmenrichtlinie eingegangen, welche die zentralen Zielsetzungen der europäischen Wasserpolitik umsetzen soll. Im Jahr 2000 entstand durch das Europäische Parlament und dem Europäischen Rat die Wasserrahmenrichtlinie (WRRL). In Kraft getreten ist sie am 22. Dezember 2002. Durch die WRRL sollen bis 2015 Maßnahmen gesetzt werden, die zu einem „guten ökologischen und guten chemischen Zustand für Oberflächengewässer, sowie ein gutes ökologisches Potenzial und einen guten chemischen Zustand für erheblich veränderte oder künstliche Gewässer" (Umweltbundesamt, o.J.) führen sollen. Es soll in Folge also zu einer systematischen Verbesserung kommen. Gleichzeitig wurde gesetzlich verpflichtend ein Verschlechterungsverbot definiert. Aus dem folgt, dass eine Abstufung des Gütezustandes – beispielsweise vom sehr guten auf den guten Zustand – nicht stattfinden darf. (BMLFUW, 2014) Laut dem Bundesministerium für Land- und Forstwirschaft, Umwelt und Wasserwirtschaft sorgt die WRRL für (BMLFUW, 2014):

- umfassenden Gewässerschutz
- eine gute Qualität aller europäischen Gewässer
- Wasserwirtschaft auf Basis von Flusseinzugsgebieten
- Ökonomische Instrumente
- eine Einbindung der Bürger.

Mit der Wasserrechtsgesetzesnovelle 2003, BGBl. 1 Nr. 112/2003, wurde die WRRL schließlich im nationalen Recht von Österreich umgesetzt.

Um diesen zuvor erwähnten ‚guten Zustand' zu erreichen, muss definiert werden, was man darunter versteht. Der Zustand des Gewässers ist als ‚gut' einzustufen, wenn er nur geringfügig von einem ‚sehr guten' Zustand, der weitgehend unbeeinflusst vom Menschen ist, abweicht. Kriterium für die Feststellung eines ‚guten ökologischen

Zustandes‘ ist in erster Linie die vorhandene Vielfältigkeit von vorhandenen Pflanzen- und Tierarten. Hierbei hat man eine fünfstufige Skala erstellt, um den ökologischen Zustand zu klassifizieren. Die Klasse I stellt dabei den „gewässertypspezifischen Referenzzustand“ dar, während die Klasse II den zumindest zu erreichenden Zielzustand darstellt. (Umweltbundesamt, o.J.) Die folgende Grafik zeigt den Zustand der österreichischen Fließgewässer mit einem Einzugsgebiet großer als 10 km²:

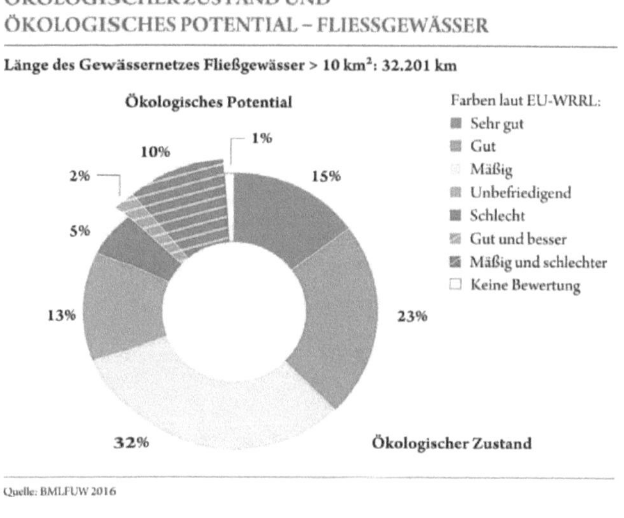

Abbildung 1 Zustand der Fließgewässer (Quelle: BMLFUW 2016.)

Somit sind ca. 50% der Fließgewässerstrecke beeinflusst durch anthropogene Eingriffe, die zu einem nicht den Zielvorgaben entsprechenden Zustand führen. Eine signifikante hydromorphologische Belastung stellt die Wasserkraftnutzung dar, die bereits im vorigen Kapitel behandelt wurde.

Im Hinblick auf den Bau und Betrieb von Wasserkraftanlagen ist der Begriff des ‚erheblich veränderten Wasserkörpers‘ in Art. 4 Abs. 3 der WRRL am wichtigsten. Es gibt nämlich die Möglichkeit Oberflächengewässerabschnitte, welche physikalisch verändert wurden, und bei denen ein guter ökologischer Zustand nicht erreichbar ist, als ‚erheblich veränderte Wasserkörper‘ auszuweisen. In diesem Falle ist das Ziel nicht mehr der gute Zustand, sondern das gute Potential. In Österreich wurden laut dem

Bericht des BMFLUW (2011) insgesamt 7244 Wasserkörper in Fließgewässern untersucht, davon wurden rund 7,2% als erheblich und 0,9% als künstlich eingestuft. Das Qualitätsziel dieser Wasserkörper ist es, einen guten chemischen Zustand und ein gutes ökologisches Potential zu erreichen. Laut dem BMLFUW würden sich durch die Umsetzung der WRRL Energieerzeugungsverluste für heimische Wasserkraftwerke ergeben, dies hätte nicht nur finanzielle Verluste für die Kraftwerksbetreiber zur Folge. Es außerdem mit finanziellen Auswirkungen für die Energiewirtschaft zu rechnen, da für die Herstellung der ökologischen Durchgängigkeit der Gewässer der Bau von Fischaufstiegshilfen oder die Anbindungen an Nebengewässer notwendig wird. (vgl. BMFLUW 2011) Das heißt, dass für die Erreichung des guten ökologischen Potentials erhebliche Investitionen in Millionenhöhe erforderlich wären.

Es zeigt sich, dass die Umsetzung der WRRL zu Problemen mit der EU Richtlinie zum Ausbau der alternativen Energieversorgung führt, da die WRRL in erster Linie auf den Gewässerschutz ausgelegt ist. Sie enthält Verpflichtungen und Maßnahmen, die wesentliche Auswirkungen auf die Wasserkraftnutzung in Österreich haben (z.B. die Wiederherstellung eines natürlichen Gewässerzustandes).

5 Die Umweltverträglichkeitsprüfung

Die Richtlinie über die Umweltverträglichkeitsprüfung wurde im Jahr 1985 in der Europäischen Gemeinschaft beschlossen. Das grundlegende Ziel der UVP ist es, die Auswirkungen von öffentlichen oder privaten Projekten im Voraus zu analysieren und zu überprüfen. (BMLFUW, 2015)

In Österreich diskutierte man seit 1975 über die Einführung einer UVP. Bis ein fertiger Entwurf des UVP-Gesetzes dem Nationalrat vorgelegt wurde, dauerte es jedoch noch 16 Jahre. (Baumgartner und Petek, 2010) Im Jahr 2000 wurde das UVP-Gesetz schließlich, kurz das UVP-G 2000, in Österreich verankert. Laut dem Abschnitt 1 des UVP-G 2000 (2000) ist es die Aufgabe der UVP, fachlich unter öffentlicher Beteiligung, „die unmittelbaren und mittelbaren Auswirkungen festzustellen, zu beschreiben und zu bewerten, die ein Vorhaben auf Menschen, Tiere und deren Lebensräume, auf Boden, Wasser, Luft und Klima, auf die Landschaft und auf Sach- und Kulturgüter hat oder haben kann“. Somit sollen Umweltschäden bereits im Vorhinein vermieden werden.

Durch diese umfassende Prüfung sollen die Umweltauswirkungen nicht einzeln, sondern gesamt betrachtet werden. Für die Auftraggeber soll die UVP auch als Planungs- bzw. Messinstrument dienen. Das UVP-G 2000 ist auf bestimmte private und öffentliche Vorhaben anzuwenden. Vor allem aber wird es bei Projekten in folgenden Bereichen eingesetzt: „Abfallwirtschaft, Energiewirtschaft, Infrastruktur, Bergbau, Wasserwirtschaft, Land- und Forstwirtschaft und Industrie" (BMLFUW, 2015). Wird eine Wasserkraftanlage gebaut, so ist die UVP nur bei Anlagen die eine Engpassleistung von 15 MW haben nötig oder bei Kraftwerksketten ab 2 aneinandergereihten Kraftwerken.

5.1 Ablauf der UVP

Zu Beginn muss der Projektwerber eine Umweltverträglichkeitserklärung (UVE) der zuständigen Behörde vorlegen. Diese UVE enthält die Beschreibung des Bauvorhabens, etwaige Alternativen zum Vorhaben und sie beschreibt die Auswirkungen auf die Umwelt bzw. geplante Gegenmaßnahmen. Die UVE ist nach der Einreichung zur öffentlichen Einsicht aufgelegt. Auch die Bevölkerung wird mittels Kundmachung informiert. Ein jeder hat in einem Zeitraum von mindestens 6 Wochen das Recht zu dem geplanten Vorhaben Stellung zu nehmen.

Darauf folgt eine integrative Bewertung der Auswirkungen durch Sachverständige der UVP-Behörde. Diese kommen aus unterschiedlichen Fachbereichen. Es wird von ihnen ein Umweltverträglichkeitsgutachten erstellt. Weiters ist es laut UVP-G 2000 vorgeschrieben eine, mündliche Verhandlung zwischen beiden Parteien abzuhalten. Letztendlich entscheidet ein Genehmigungsbescheid über die Zulässigkeit des Vorhabens. (UBA, o.J.)

5.2 Änderungen der UVP

Durch die Änderungs-Richtlinie 2014/52/EU wurden auch noch andere Prüfbereiche hinzugefügt wie z.B. Flächenverbrauch und Klimawandel.

6 Analyse des Wasserkraftwerk Gössendorf

6.1 Allgemeine Daten

Abbildung 2 Kraftwerk Gössendorf 23. Jän 2017 (Quelle: eigene Aufnahme)

Seit dem Jahr 2012 ist das Wasserkraftwerk Gössendorf in Betrieb. Es wurde von der Tochtergesellschaft der Energie Steiermark, der Steweag-Steg GmbH gebaut und liegt an der Mur südlich von Graz bei Mur-km 170,090 (Steweag-Steg GmbH 2007). Der Bau dieses Laufkraftwerks war der Erste in Österreich, wo sowohl die Umweltverträglichkeitsprüfung nach UVP-G 2000 Rechtsgrundlage, als auch die europäische Wasserrahmenrichtlinie (WRRL) einzuhalten war. Laut den Daten der Energie Steiermark (2016) liefert dieses Kraftwerk ca. 87. Mio. Kilowattstunden Strom pro Jahr. Die gewonnene Energie fließt dorthin wo sie gebraucht wird – nach Graz. Es wird somit ein Strombedarf von ca. 23.000 Haushalten gedeckt. Der Bau dieser Kraftwerksanlage kostete rund 86,5 Mio. Euro, davon sind 25. Mio. Euro auf ökologische Ausgleichsmaßnahmen entfallen. Während der Bauphase wurden knapp 2000 Arbeitsplätze gesichert. Gemeinsam mit dem Bau des Kraftwerks Kalsdorf wurde die Wertschöpfung im Wirtschaftsraum Graz um 0,5 % erhöht.

Abbildung 3 Orthofoto 2009 (Quelle: GIS Steiermark)

Abbildung 4 Orthofoto 2013 (Quelle: GIS Steiermark)

6.2 Auswirkungen des Wasserkraftwerks Gössendorf

Die folgenden Auswirkungen wurden durch die selbstständige Besichtigung des Kraftwerksgeländes, durch die Analyse einer Studie von Schmutz et. al. aus dem Jahr 2011, durch das Interview eines Fischereiaufsehers aus dem Raum Leibnitz und durch eine schriftliche Stellungnahme von einem Experten festgestellt. Durch den Bau des Kraftwerks kam es in erster Linie zu einer Aufweitung der Mur, was man durch den Vergleich der Orthofotos aus dem Jahr 2009 und 2013 sehen kann. (Abb. 3 und Abb. 4) Beim Bau des Kraftwerks Gössendorf wurden einige Hochwasserschutzmaßnahmen getroffen. Im Stauraumbereich wurden Uferbegleitdämme, Untergrundabdichtungen und Begleitdrainagen errichtet. Die Restwasserstrecke wurde durch Unterwassereintiefungen, Untergrundabdichtungen und Ufersicherungen verändert. Als sekundäre Maßnahme gegen Hochwasser, stellte die Steweag-Steg GmbH den umliegenden Gemeinden Feldkirchen bei Graz, Fernitz, Gössendorf und Kalsdorf einen Plan zur Verbesserung der Hochwasserschutzmaßnahmen zur Verfügung.

Für die Menschen war es wichtig die Umgebung des Kraftwerks Gössendorf als Erholungsraum beizubehalten. Die Naherholungsfunktion wurde durch einige Maßnahmen verändert. Man hat z.B. das bestehende Rad- und Fußwegenetz ausgebaut und zwei Erlebnisstellen am Wasser geschaffen (z.B. am Altarm Thondorf). Außerdem dient die Wehrbrücke des Kraftwerks nun als Murquerung für Fußgänger und Radfahrer.

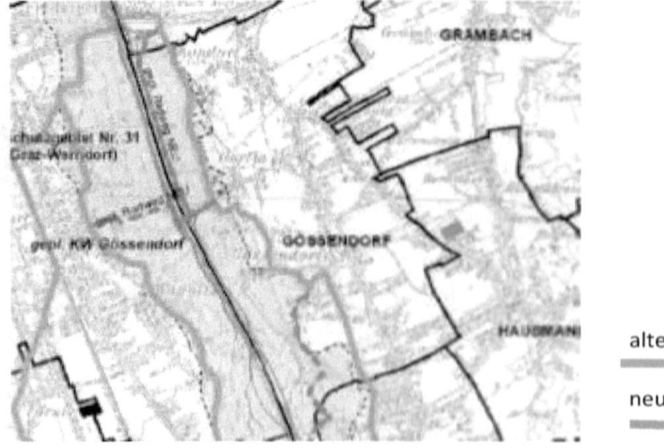

Abbildung 6 Radwegenetz (Quelle: Energie Steiermark)

Es wurden laut den Angaben der Steweag GmbH rund 25 Mio. Euro für die Erhaltung bzw. Verbesserung der Flora und Fauna ausgegeben. Aus der UVP ist zu entnehmen, dass der Betrieb „geringfügige nachteilige Auswirkungen auf Vögel, Amphibien, Libellen und generell auf die Pflanzenvegetation hat, durch die Flächenbeanspruchung und Trennwirkungen" (Schmutz et. al., 2011). Um dem entgegenzuwirken hat man zwei Flachwasserzonen im Stauraum errichtet, diese bieten Vögeln, Reptilien, Libellen und Fischen einen Lebensraum. Fischottergerechte Brückenbauwerke, Hirschkäferwiegen (Abb. 5), die den Bestand sichern und als Brut- und Aufzuchtstätten dienen, und zwei Libellenteiche wurden ebenfalls errichtet. (ORF Steiermark, 2013). Durch die Errichtung des Kraftwerks wurden außerdem rund 12 km Augewässer und somit neuer Lebensraum geschaffen. Durch die Murregulierung Ende des 19. Jahrhunderts wurden nämlich viele Augewässer trockengelegt.

Abbildung 5 Hirschkäferwiegen (Quelle: Energie Steiermark)

Um die Durchgängigkeit der Mur zu sichern, wurden zwei Fischaufstiegshilfen am rechten Ufer errichtet. In den folgenden Abbildungen kann man zum einen den Vertical slot pass und zum anderen den naturnahen natürlichen Beckenpass, der eine Anbindung an den Ochsengriesbach hat, sehen.

Abbildung 8 Vertical slot pass (Quelle: eigene Aufnahme 23. Jän 2017)

Abbildung 7 natürlicher Beckenpass (Quelle: eigene Aufnahme 23. Jän 2017)

In der Studie der Auswirkungen des Wasserkraftausbaues auf die Fischfauna der steirischen Mur wird der ökologische Zustand der Mur hinsichtlich des bestehenden Ausbaugrades der Wasserkraftwerke dargestellt und analysiert. Indikatorfischart dieser Studie ist der Huchen, „da er als Großfisch-, Raubfisch- und Wanderfischart sehr spezifische Ansprüche an den Lebensraum stellt und somit die Verhältnisse der gesamten Fischzönose sehr gut widerspiegelt" (Schmutz et. al., 2011). Durch die Ergebnisse dieser Studie lässt sich ableiten, dass sich im Gewässerabschnittsbereich des Kraftwerks Gössendorf nach dem Fisch Index Austria (FIA) 78 % der Fließwasserstrecke in die Zustandsklasse 5 (Schlecht) fallen. (Abb. 8) Die schlechte Einstufung des Zustands für diesen Abschnitt ergibt sich, „ähnlich wie bei der flussab liegenden Staukette, aus dem hohen Gesamt-Stauanteil dieses Abschnittes sowie den verhältnismäßig großen Längen der einzelnen Staue" (Schmutz et. al., 2011).

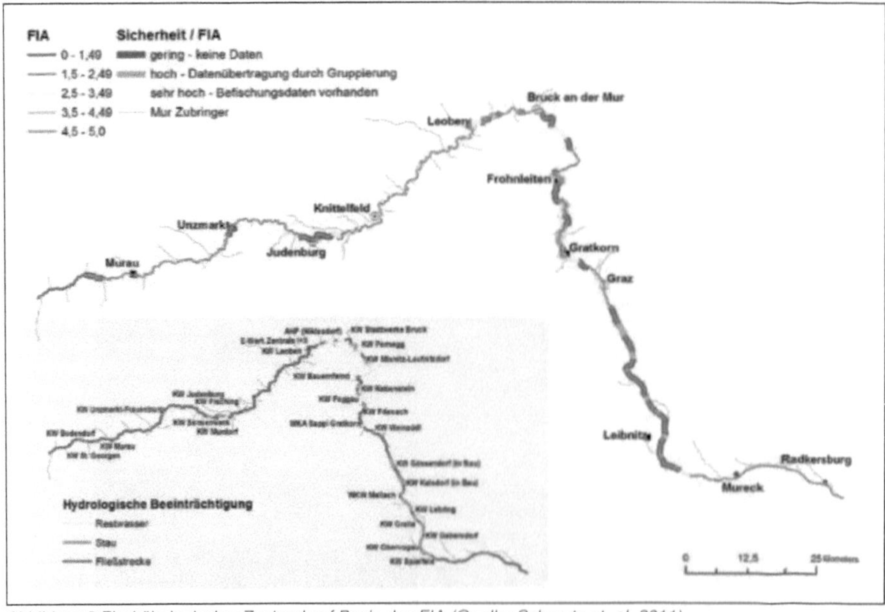

Abbildung 8 Fischökologischer Zustand auf Basis des FIA (Quelle: Schmutz et. al. 2011)

Diese Stauabschnitte führen zu einer Minimierung der Leitfischarten. Die Huche, die Nase und die Barbe bilden die wichtigsten Leitfischarten dieses Murabschnitts. Vor der Stauwurzel des Kraftwerks Gössendorf liegt eine ca. 10 km lange Fließstrecke der Mur, die sich sehr gut als Lebensraum für die Huchenpopulation anbietet. Man findet hier rund ein Viertel der gesamten Huchenpopulation der Mur. Durch die danach folgende Staukette wird die Huchenpopulation jedoch minimiert, und das ökologische Potential des Gewässers geht verloren.

Die folgenden Aussagen beruhen auf das Interview mit Herrn Mario Poglitsch, der als Fischereiaufsichtsorgan die Mur und ihr Umfeld in diesem Bereich umfassend beobachtet. Poglitsch stellt zwar fest, dass durch den Kraftwerksbau zwar Flachwasserzonen „für Zugvögel, Schwäne, Enten usw". (Poglitsch, 2017) geschaffen wurden, jedoch „hört der Tierschutz bzw. die ökologische Betrachtungsweise bei den Leuten auf der Wasseroberfläche auf, und die meisten sehen nicht was sich darunter abspielt" (Poglitsch, 2017). Durch die vermehrte Feinsedimentablagerung kommt es laut Poglitsch dazu, dass wichtige Schotterbänke, die z.B. für die Huchen als Laichgruben dienen, abgedeckt werden. Entweder können die Huchen dadurch nicht mehr laichen oder die gelegten Fischeier werden von einer Feinsedimentschicht eingeschlossen, und sterben infolge einer Sauerstoffverarmung die Laiche ab. Wichtig für die Artenzahl der Leitfischarten ist die Errichtung von Fischaufstiegshilfen. „Die Nasenpopulation steigt durch den Bau von Fischaufstiegshilfen, da die Nase ja auch ein Substratlaicher ist und die Fischaufstiegshilfen am Boden geschottert sind, bildet sich hier für die Nase ein gutes Laichhabitat." (Poglitsch, 2017) Generelle Auswirkungen auf die Fischerei haben die Stauraumspülungen der Wasserkraftwerke. Diese stellen eine „immense Belastung für diverse Fischarten, wie den Huchen, die Bachforelle oder die Äsche dar" (Poglitsch, 2017). Diese Fischarten sind im Hinblick auf die Gewässergüte sehr empfindlich. In Folge von Stauraumspülungen wird oft sehr viel Feinsediment durchgespült und es kommt dazu, dass die Kiemenreußen dieser Fische durch Feinsedimente verstopfen werden und sie daran ersticken. (Vgl. Poglitsch, 2017)

Auf die Frage, wie die Artenzahl sich im Bereich der Staustufe Gössendorf entwickelt hat, gab mir Herr DI Günter Parthl, vom Ingenieurbüro für angewandte Gewässerökologie, folgende schriftliche Stellungnahme:

„Meines Wissens nach liegen kein aktuellen Untersuchungen hinsichtlich einer allfälligen Faunenveränderung durch Bau und Betrieb des KW Gössendorf vor. Erste Ergebnisse für das Qualitätselement Fische sind jedoch nach Abschluss eines durch die ESTAG beauftragten und von uns begleiteten FAH-Monitorings mit v.a. Ende Juli zu erwarten."

Eine genaue Antwort auf diese Frage wird man demnach erst in naher Zukunft bekommen. Es wurde zusätzlich noch versucht Daten von der Gemeinde einzuholen, bezüglich dem Thema Überschwemmungen, leider hatte die Gemeinde Gössendorf diesbezüglich jedoch keine Daten. Natürlich wurde mehrmals versucht den Betreiber des Kraftwerks bzw. den Bauleiter des Projekts zu kontaktieren, jedoch leider ohne Erfolg. Somit lassen sich keine näheren Informationen festhalten.

7 Resümee

Im folgenden Kapitel sollen die Ergebnisse der Arbeit nochmals zusammengefasst und überdacht werden. Blickt man auf die historische Entwicklung der Wasserkraftgewinnung in Österreich, so stellt man fest, dass sich diese Art der erneuerbaren Energiegewinnung sehr gut entwickelt hat. Rund 65% des heimischen Strombedarfs werden durch die Stromgewinnung von Wasserkraftwerken abgedeckt.

Stellt man sich die Frage, ob der Bau oder Betrieb eines Wasserkraftwerks viele Auswirkungen auf die Umwelt hat, so kann man diese eindeutig mit einem ‚ja' beantworten. Ober- und unterirdische Gewässer, obere Bodenschichten, und Flora und Fauna werden deutlich verändert. Aber auch die Folgen für den Hochwasserschutz, die Bevölkerung des angrenzenden Gebiets und vor allem für die Ökonomie sind nicht zu vergessen. Durch moderne Technik und Planung sollen jedoch alle negativen Folgen im Vorhinein bekannt sein und durch entsprechende Maßnahmen vermieden werden. Damit so ein Bau überhaupt genehmigt wird, müssen natürlich auch die gesetzlich vorgeschriebenen Rahmenbedingungen erfüllt werden. In dieser Arbeit wurde die EU Wasserrahmenrichtlinie und das Umweltverträglichkeitsprüfungsgesetz näher erläutert. Beide sollen für den Schutz der Umwelt sorgen. Vor allem die WRRL ist speziell für den Gewässerschutz konzipiert. Problematisch hierbei ist jedoch, dass die Einhaltung der Richtlinie und somit die Erreichung des guten ökologischen Potentials enorme Investitionskosten verursacht. Noch dazu kann die Umsetzung zu finanziellen Verlusten für Kraftwerksbetreiber führen.

Für die Errichtung des Wasserkraftwerks Gössendorf musste sowohl die WRRL beachtet, als auch das Verfahren der UVP durchgeführt werden. Entsprechend der Bewertung der Auswirkungen laut UVP wurde der Bau des Kraftwerks genehmigt. Die Betreiber haben versucht die negativen Umweltauswirkungen durch entsprechende Maßnahmen zu minimieren bzw. auszugleichen, dennoch ist das natürliche Ökosystem dieses Abschnitts nicht künstlich herzustellen. Die Besucher des geschaffenen Naherholungsraums dürfen sich nun zwar über einen ausgebauten Rad- bzw. Fußweg und schön gestaltete Erlebnisstellen am Wasser freuen, blickt man jedoch unter die Wasseroberfläche stellt man fest, dass das ökologische Potential des Gewässers sich für die Fische und das Makrozoobenthos deutlich verschlechtert hat.

8 Literaturverzeichnis

Bundesministerium für Land- und Forstwirtschaft, Umwelt und Wasserwirtschaft (Hg.) (2014): Wasserrahmenrichtlinie (200/60/EG). www.bmlfuw.gv.at/wasser/wasser-eu-international/eu_wasserrecht/Wasserrahmen-RL.html, zuletzt geprüft am 26.12.2016.

Bundesministerium für Land- und Forstwirtschaft, Umwelt und Wasserwirtschaft (Hg.) (2011): Wasserkraft und Ökologie – ein Widerspruch?, www.bmlfuw.gv.at/wasser/wasser-oesterreich/plan_gewaesser_ngp/umsetzung_wasserrahmenrichtlinie/Wasserkraftstudie.html, zuletzt geprüft am 26.12.16.

Bundesministerium für Land- und Forstwirtschaft, Umwelt und Wasserwirtschaft (Hg.) (2015): Allgemeines zur Umweltverträglichkeitsprüfung. www.bmlfuw.gv.at/umwelt/betriebl_umweltschutz_uvp/uvp/AllgemeineszurUVP.html, zuletzt geprüft am 28.12.2016.

Energie Steiermark AG (Hg.) (2016): Murkraftwerke Gössendorf und Kalsdorf. www.e-steiermark.com/erzeugung/Wasserkraft/MurkraftwerkGoessendorf.aspx, zuletzt geprüft am 25.12.2016.

Giesecke, J.; Heimerl, S. (2014): Wasserkraftanlagen: Planung, Bau und Betrieb. 6. Auflage. Berlin, Heidelberg: Springer, 962.

Iriye, A. (Hg.); Osterhammen, J. (Hg.) (2013): Geschichte der Welt 1945 bis heute: Die globalisierte Welt. München: C.H. Beck, 955.

ORF Steiermark (Hg.) (2013): Grüner Strom für 22.000 Haushalte. http://steiermark.orf.at/news/stories/2611176/, zuletzt. geprüft am 31.12.2016.

Österreichs E-Wirtschaft (Hg.) (2016): Wasserkraft ist wichtige Zukunftschance für Österreich. http://oesterreichsenergie.at/medien/presse/presseaussendungen-340.html, zuletzt geprüft am 27.12.2016.

Poglitsch, M. (2017): Interview, Fischeiaufsichtsorgan an der Mur, Bachsdorf 13.02.2017.

Schmutz, S; Wiesner, C.; Preis, S.; Muhar, S.; Unfer, G.; Jungwirth, M. (2011). Auswirkungen des Wasserkraftausbaues auf die Fischfauna der steirischen Mur. In: Österreichische Wasser- Und Abfallwirtschaft 2011, 63(9), S. 190-195.

Sicherheits-Informationszentrum Österreich (Hg.) (o.J.): Kraftwerke als Hochwasserschutz?. www.siz.cc/bund/sicherheit/show/62, zuletzt geprüft am 27.12.2016.

Steweag-Steg Gmbh (Hg.) (2007): Wasserkraftwerke Gössendorf und Kalsdorf. Allgemein verständliche UVE-Zusammenfassung. www.umwelt.steiermark.at/cms/dokumente/11085689_9176022/58fb4420/UVE-Zusammenfassung.pdf, zuletzt geprüft am 25.12.2016.

Umweltbundesamt GmbH (Hg.): EU-Wasserrahmenrichtlinie. www.umweltbundesamt.at/umweltschutz/wasser/eu-wrrl/, zuletzt geprüft am 26.12.2016.

Umweltbundesamt GmbH (Hg.): Ablauf des UVP-Verfahrens. www.umweltbundesamt.at/verfahrensablauf/, zuletzt geprüft am 27.12.2016.

Verbund AG (Hg.) (2015): Strom aus Wasserkraft: Bedeutender Beitrag zu Europas Volkswirtschaften. In: Power Facts 2015, 21, S. 3.

ZAMG (2015): Klimadaten Österreich. Jahrbuch. www.zamg.ac.at/cms/de/klima/klimaueber-sichten/jahrbuch, zuletzt geprüft am 25.12.2016.

9 Abbildungsverzeichnis